九连山掠影

——江西九连山国家级自然保护区

朱祥福　袁景西　林宝珠 ▪ 主　编

朱祥福 ▪ 主摄影

中国林业出版社

图书在版编目(CIP)数据

九连山掠影：江西九连山国家级自然保护区 / 朱祥福, 袁景西, 林宝珠主编. -- 北京：中国林业出版社,2016.12
ISBN 978-7-5038-8895-3

Ⅰ.①九… Ⅱ.①朱… ②袁… ③林… Ⅲ.①自然保护区－江西－画册
Ⅳ.①S759.992.56-64

中国版本图书馆CIP数据核字(2017)第010776号

出　版	中国林业出版社　(100009 北京西城区德内大街刘海胡同 7 号)
网　址	http://lycb.forestry.gov.cn
电　话	(010) 83143615
发　行	中国林业出版社
印　刷	北京卡乐富印刷有限公司
版　次	2016 年 12 月第 1 版
印　次	2016 年 12 月第 1 次
开　本	787mm×1092mm　1/16
印　张	8
定　价	168.00 元

九连山掠影

——江西九连山国家级自然保护区

主　编　朱祥福　袁景西　林宝珠

主摄影　朱祥福

摄　影　袁景西　林宝珠　陈志高

　　　　　肖　雨

　　　　　（红外监拍）

写九连山

　　南岭东部有一座山，唤为九连山。此山连赣粤九县，接九十九座峰。看那山，真个好山！赣粤边隅高山连，南岭之东耸崇巅。山峰高耸，顶透虚空；高山峻极，大势峥嵘。峰排突兀，岭峻崎岖；丹崖怪石，削壁奇峰。日映岚光轻锁翠，雨收黛色冷含青。峰头时听锦鸡鸣，林中每观云出入。烟霞散彩，日月摇光；重重丘壑，曲曲源泉。深涧水流千万里，回湍激石响潺潺。涧水有情，曲曲弯弯多绕顾；峰峦不断，重重叠叠自周回。林中瑶草奇花，谷中修竹留云。青青香草秀，艳艳野花开；蔓蔓薛萝生，森森佳木丽。重重谷壑芝兰绕，处处巉崖苔藓生。几处藤萝牵又扯，满溪瑶草杂香兰。又见那绿的樟，斑的竹，青的松，依依千载斗秾华；黄的桐，红的枫，翠的桂，灼灼三春争艳丽。青山翠翠，古木森森。青山翠翠，山岭深谷草木密；古木森森，枯摧老树挂藤萝。深林聚千禽，谷壑藏万兽；鸟啼人不见，花落树犹香。处处山林喧鸟雀，条条道径转羚羊；幽鸟乱啼青竹里，锦鸡齐斗野花间。停玩多时人不语，只听野猪有声釁；锦鸡白鹇随隐见，羚羊水鹿任行藏。麂鹿成群穿荆棘，往来跳跃；獐兔结党寻野食，前后奔跑。香獐野鹿随来往，玉兔狸猫去复还。花开花谢山头景，云去云来岭上峰。细观灵福地，真个赛天堂。春来百花争妍，夏至万木竞茂；秋到红叶布锦，冬交白雪飞绵。四时八节好风光，不亚神洲仙景象。

目 录

写九连山

九连山掠影

——江西九连山国家级自然保护区

山之篇

　　九连山国家级自然保护区位于赣粤边界江西省龙南县，地处南岭山地东部。境内海拔自300米至主峰黄牛石1430米，地势南高北低，山峦起伏，地貌复杂，山岳环境优越，森林植被茂密，古木参天，生物资源极为丰富，属中亚热带常绿阔叶林南缘，为中亚热带与南亚热带过渡地带，典型的地带性植被为常绿阔叶林，保存有较大面积的原生性常绿阔叶林。九连山气候具有大陆性、海洋性，又受山地影响，其性质属中亚热带湿润山地气候，年平均气温16.7℃，年平均降水量2070.4毫米。

　　九连山国家级自然保护区始建于1975年，1981年划为省级自然保护区，2003年晋升为国家级自然保护区。保护区总面积13 411.6公顷，其中核心区4283.5公顷，缓冲区1445.2公顷，实验区7682.9公顷。主要保护对象是亚热带常绿阔叶林。

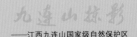

◆ 南岭之东耸崇巅

◆ 良晨美景九连山

◆ 横看成岭侧成峰

◆ 白云生处

◆ 云来云去山如画

◆ 云共山高下

◆ 山高云深（主峰黄牛石 1430 米）

◆崇山峻岭

◆ 山嶂远重叠

◆ 雄居南岭

◆ 谷壑留云

◆ 岭上多白云

◆ 云雾山间绕

◆ 一览众山小

◆ 山地草甸

◆ 山顶矮林

◆ 山色空蒙雨亦奇

◆ 秋入山林数叶红

◆ 满山红叶真如画

◆ 南国冬韵

◆ 神龟巡山

◆ 大山犹唱后庭花

水之篇

　　重重丘壑，曲曲源泉。深涧水流千万里，回湍激石响潺潺。涧水有情，曲曲弯弯多绕顾；峰峦不断，重重叠叠自周回。

　　九连山国家级自然保护区森林生态系统生态功能效益高，其林冠截留、滞容水量，调节流量以及控制或"缓冲"山洪产生的能力非常强大，而土壤侵蚀量很低。

　　九连山为赣江之源，流程长。区内东面上围河、田心河流入龙南杨村太平江，西面墩头河、中迳河、横坑水河相汇而成大丘田河，纳北面鹅公坑河进入全南，在全南兆坑处再纳北面花露河，流入全南桃江，后进入龙南，在龙南程龙江口处与杨村太平江汇合，沿途纳涧汇溪，初步形成桃江继续前行，于龙南县城再汇渥江、濂江两江，经信丰境内，入赣县汇入贡江，在赣州市城西与章水汇合是为赣江。

◆ 为有源头活水来

◆ 一水奔流叠嶂开

◆ 夺门而出悬白龙

◆ 银花下散布水台

◆ 涧水飞流乱石滩

◆ 清泉石上流

◆ 源泉响溜清

◆ 回湍激石响潺潺

◆ 山水空流山自闲

◆ 悬溜泻鸣琴

◆ 冰河时期

◆ 三珠春水

◆ 一身清纯付洪波

◆ 云水禅心

◆ 点点滴滴都是爱

◆ 涧水清流

◆ 清源合流谁能敌

◆ 撞岩击石出山来

◆ 溪水碧悠悠

◆ 林涧晨曦

◆ 在水一方

◆水光潋滟晴方好

◆ 珠玉满地（沙粒冰凌）

◆ 草木皆冰

◆ 冰凌世界

◆ 草之冰凌

◆ 树枝冰凌

◆ 冰凌琥珀

◆ 冰凌之花

木之篇

　　自从第三纪或更早时期以来，九连山地区的生物气候条件未经巨大的动荡，而处于相对稳定的湿热状态，因此这一地区是我国中亚热带与南亚热带过渡区森林生态系统最丰富的地区，并保存大量第三纪古热带植物区系的后裔或残遗，既是东亚植物区系的发源地之一，又是保存一些古老植物种属著名的"避难所"。

　　九连山亚热带植被的植物区系成分丰富多彩，植被类型丰富多样，从丘陵至海拔较高的中山有着各种不同的植被类型分布，依次有亚热带常绿阔叶林、常绿与落叶阔叶混交林、针叶林、山顶矮林、山地草甸等。九连山森林植被以常绿阔叶林为主，壳斗科、樟科、山茶科、木兰科植物是其主要成分。

　　据科学考察，已初步查明，九连山有高等植物297科1112属2838种。国家重点保护野生植物有南方红豆杉、银杏、伯乐树、闽楠、半枫荷、粗齿桫椤等21种，以及12种猕猴桃、60种兰科植物等。

◆ 原生性常绿阔叶林

◆ 常绿阔叶林外貌

◆ 鹿角栲林外貌

◆ 黄樟林外貌

◆ 冷箭竹群落

◆ 常绿与落叶阔叶混交林

◆ 栲树林

◆ 林间新绿一重重

◆ 水蕉林

◆ 米槠林外貌

◆ 常绿阔叶林垂直结构

◆ 林中每日观云出入

◆ 红叶布锦

◆ 秋入深林

◆ 霜叶红于二月花

◆ 多彩森林

◆ 林间深藏数点红

◆ 森林多彩

◆ 毛竹林

◆ 绿树披银装

◆ 层林尽染

◆ 停车坐爱枫林晚

◆ 深林低回溪流声

◆ 林间小溪

◆ 林之深处水无声

◆ 林之深处

◆ 乐昌含笑林

◆ 溪涧林相

◆ 秋雾朦胧

◆ 猴头杜鹃林

◆ 南方红豆杉林（国家一级保护植物）

◆ 老树发新枝

◆ 撑起一片蓝天

◆ 霜重色愈浓

◆ 片片红叶惹秋思

◆ 鹿角栲

◆ 老树劲枝

◆ 丰富多样

◆ 小藤攀大树

◆ 古木森森

◆ **粗齿桫椤**（国家二级保护植物）

◆ 银杏 (国家一级保护植物)

◆ 银杏果

◆ 猕猴桃（国家二级保护植物）

◆ 半枫荷

◆ 南方红豆杉之王（胸径 1.43 米）

◆ 南方红豆杉王之后

◆ **石斛**（国家二级保护植物）

◆ **林中瑶草奇花**

◆ **水晶兰**

◆ **百合**

◆ 如花是果

◆ 满山红

◆ 丝线吊芙蓉

◆ 铁凉伞

◆ 七叶一枝花

◆ 木莲

◆ 木荷

◆ 中华樱花

◆ 景泰蓝树皮

◆ 板状根

◆ 春光明媚

◆ 气生根

◆ 红楠

◆ 落地生根

◆ 根居地

◆ 少女情怀

鸟兽篇

　　野生动物是森林生态系统的重要组成部分。九连山国家级自然保护区的野生动物种类多，资源非常丰富。据科学考察，已初步查明，九连山国家级自然保护区有陆生脊椎动物27目88科466种。其中，哺乳动物7目18科58种，鸟类16目50科292种，两栖爬行动物4目20科116种。列入国家重点保护野生动物名录的有豹、水鹿、鬣羚、穿山甲、黄腹角雉、海南虎斑鳽、白鹇、鹰类、隼类、鸮类等49种。

◆ 暗绿绣眼鸟

◆ 白鹭

◆ 白鹡鸰

◆ 白鹇（国家二级保护动物）

◆ 叉尾太阳鸟

◆北红尾鸲

◆ 池鹭

◆ 大山雀

◆ 橙腹叶鹎

◆ 雕鸮（国家二级保护动物）

◆ **海南虎斑鳽**（国家二级保护动物）

◆ **褐翅鸦鹃**（国家二级保护动物）

◆ **黑短脚鹎**

◆ 褐柳莺

◆ 黑冠鹃隼（国家二级保护动物）

◆ 红头咬鹃

◆ 黑喉山鹪莺

◆黑枕黄鹂

◆ 红头长尾山雀

◆红尾伯劳

◆ 红胁蓝尾鸲

◆ 红胸啄花鸟

◆ 黄腹山雀

◆ 栗耳凤鹛

◆ 灰眶雀鹛

◆ 灰头鹀

◆ 绿鹭

◆牛背鹭

◆ 普通鸬鹚

◆普通朱雀

◆ 鹊鸲

◆ 松雀鹰（国家二级保护动物）

◆ 长尾缝叶莺

◆ 普通翠鸟

◆ 棕颈钩嘴鹛

◆ 棕扇尾莺

◆ 山斑鸠

◆ 树鹨

◆ 果子狸

◆ 隐纹花松鼠

◆ 黄腹鼬

◆ 赤腹松鼠

◆ 赤麂

◆ 豹猫

虫之篇

　　江西九连山国家级自然保护区昆虫种类十分丰富，类型繁多，区系成分复杂。据科学考察，初步鉴定的种类有19目202科987属1752种。列入国家重点保护野生动物名录的有金斑喙凤蝶、硕步甲、阳彩臂金龟3种。

◆ 蝶梦水云乡

◆ 蝴蝶会

◆ 蝴蝶泉边

◆ 悠悠花上蝶

◆ **硕步甲**（国家二级重点保护动物）

◆ **阳彩臂金龟**（国家二级重点保护动物）

金斑喙凤蝶

金斑喙凤蝶*Teinoplpus aureus* Mell，1923年首次发现于广东连平县北部山区，即九连山主峰黄牛石南坡。江西九连山国家级自然保护区位于九连山主峰黄牛石北坡。国际濒危动物保护委员会将金斑喙凤蝶列为R级（最稀有的一级），《濒危野生动植物种国际贸易公约》（CITES）将其列为一级保护物种，世界自然保护联盟（IUCN）1996年将其列为《濒危物种红色名录》（ver3.1）"数据缺乏"，中国《国家重点保护野生动物名录》将其列为一级重点保护野生动物。金斑喙凤蝶为中国特有物种，珍贵而稀少，排世界八大名贵蝴蝶之首，主要分布于江西、福建、海南、广东、广西、浙江等地。

金斑喙凤蝶属完全变态昆虫，一生要经过卵、幼虫、蛹、成虫4个世代，一年发生2代，以蛹越夏和越冬.第一代成虫发生期为4月上旬至5月中旬，第二代成虫发生期为8月下旬至9月中旬，卵期约13天，幼虫期为38～42天，夏蛹期约2个月，冬蛹期约6个月。经多年研究发现，金斑喙凤蝶预蛹化蛹需经历2次蜕皮，这是金斑喙凤蝶异于其他蝶类的特殊现象。

金斑喙凤蝶寄主植物为木兰科（Magnoliaceae）深山含笑*Michelia maudiae* Dunn、金叶含笑*Michelia foveolata* Merr. ex Dandy等。寄主植物的分布，是金斑喙凤蝶分布的决定性因素，寄主植物的植被环境决定金斑喙凤蝶生境的优良。江西九连山属中亚热带常绿阔叶林南缘，为中亚热带与南亚热带过渡地带，一直处于相对稳定的湿热状态，保存有较大面积的原生性常绿阔叶林，木兰科含笑属*Michelia*等常绿种类是重要组成成分，深山含笑林、金叶含笑林资源丰富，长势茂盛，为金斑喙凤蝶的生存繁育提供了良好的基础条件。九连山优良的植被环境是金斑喙凤蝶繁衍生息的绝佳环境。

成虫

成虫雌蝶

成虫雄蝶

卵

卵初期

卵中期

卵后期

1龄幼虫

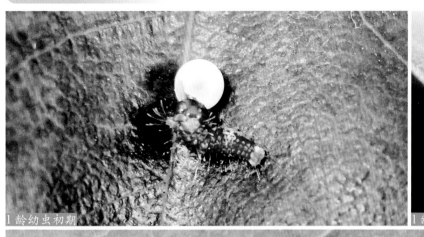

1龄幼虫初期

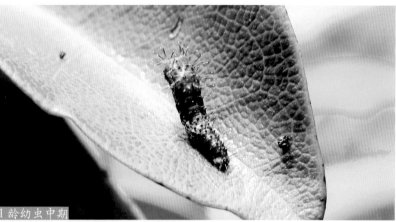

1龄幼虫中期

1龄幼虫后期

2龄幼虫

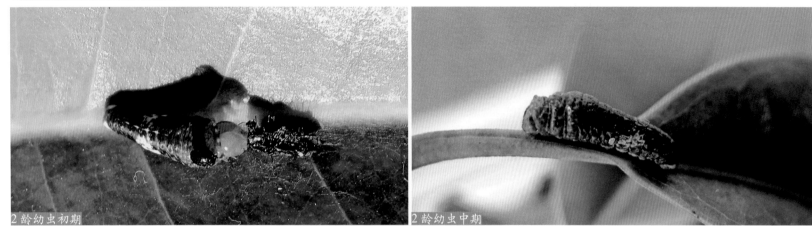

2龄幼虫初期

2龄幼虫中期

2龄幼虫后期

3龄幼虫

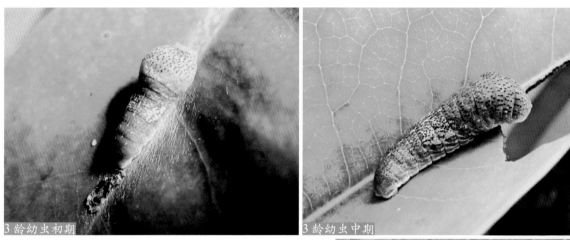

3龄幼虫初期

3龄幼虫中期

3龄幼虫后期

4龄幼虫

4龄幼虫初期

4龄幼虫中期

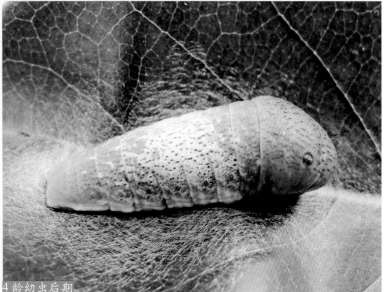

4龄幼虫后期

5龄幼虫

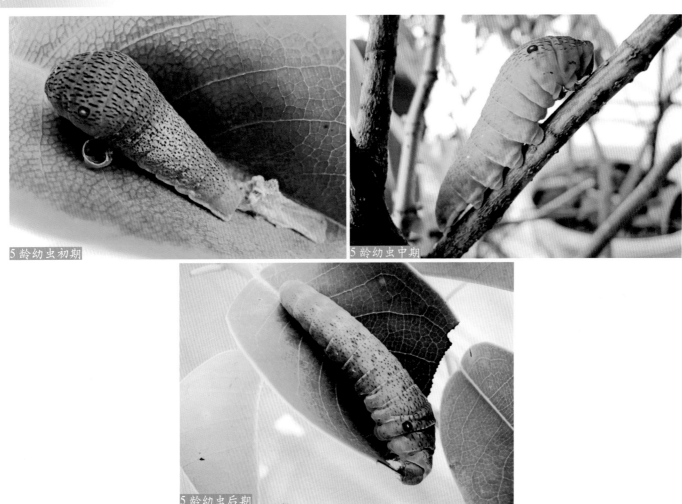

5 龄幼虫初期

5 龄幼虫中期

5 龄幼虫后期

老熟幼虫

老熟幼虫初期

老熟幼虫后期

蛹

预蛹初期

预蛹后期

化蛹初期

化蛹中期

化蛹后期

蛹

羽化

羽化